Uranias

Mini-Bibliothek

WUNDER

Dieses Buch ist all meinen Freunden und mächtigen Gefährten gewidmet, die sich für den Weg des glücklichen Traumes, den Weg der Wunder entschieden haben.

Uranias

Mini-Bibliothek

In der gleichen Reihe

Zen-Weisheit

☆

Keltische Segenssprüche

☆

Engel

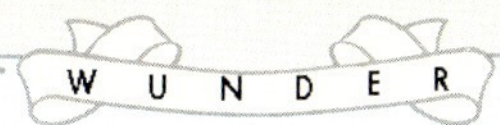

Uranias

Mini-Bibliothek

WUNDER

Zitate aus dem Wunder-Buch

zusammengestellt von

Hebe Taylor

Die Zitate sind jeweils mit einer Nummer versehen. Der Quellennachweis befindet sich auf Seite 48.

Auflage: 1.-7. Tausend 1996

ISBN 3-908645-09-3

Titel der Originalausgabe: «Little Book of Miracles»
Buchdesign: Bridgewater Books / Ron Bryant-Funnell
Photographien: Hebe Taylor und Sarah Bentley
Umschlagphoto: Steve Satufhek / The Image Bank
Tanfierraster: The Telegraph Colour Library
Abdruck der Zitate aus *Ein Kurs in Wundern* © 1994, herausgegeben von Greuthof Verlag und Vertrieb GmbH, D-79261 Gutach i. Br., mit Genehmigung der Foundation for Inner Peace, Inc., P.O. Box 598, Mill Valley, California 94942-0598, USA
Originalausgabe *A Course in Miracles* ® © 1975, 1985, 1992
Deutscher Satz: GBS, CH-3250 Lyss
Printed in Italy

Einführung

DAS KLEINE BUCH DER WUNDER heißt Sie willkommen. Es ist der Gefährte eines viel dickeren Buches: *A Course in Miracles* ® (Ein Kurs in Wundern).

Ich begann an einem kalten Wintertag im Jahr 1986. Ich fühlte mich irgendwie anders und wußte nicht, warum. Fast den ganzen Tag lag ich müßig herum und tat gar nichts. Dann geschah ein Wunder. Gegen vier Uhr bewegte mein rechter Arm sich wie von selbst und ergriff ein dickes Taschenbuch mit grünem Umschlag und goldenen Lettern. Dieses Buch hatte ungeöffnet und vergessen auf dem Nachttisch rechts neben meinem Bett gelegen, dort, wo ich Bücher hinlege, die ich lesen möchte. Dieses Buch hatte lange darauf gewartet. Es war *A Course in Miracles.* Es öffnete sich auf Seite 362, Kapitel 18, und ich las den Zwischentitel:

Ich brauche nichts zu tun

Er beschrieb genau, wie ich mich an diesem Tag fühlte. Aufgeregt las ich weiter: *Nichts tun heißt, sich ausruhen und einen inneren Ort suchen, wo körperliche Aktivitäten nicht mehr nach Aufmerksamkeit verlangen…*

Hatte ich nicht genau das den ganzen Tag getan oder vielmehr nicht getan?

…Dieser stille Platz, an dem Sie nichts tun, bleibt bei Ihnen und verschafft Ihnen Ruhe inmitten jeder Geschäftigkeit.

Einführung

Als ich angefangen hatte, *A Course in Miracles* zu lesen, konnte ich nicht mehr aufhören. Ich wollte das Buch bei mir haben, wann immer und wo immer es möglich war. Das ging nicht immer, weil es über tausend Seiten hatte.

Darum begann ich, meine Lieblingszitate aus diesem großen Buch auf kleine Zettel zu schreiben, denn diese paßten viel leichter in meine Taschen. Die Schönheit der Worte, die ich las, rührte mich oft sehr, und da ich meist bildlich denke, sah ich auch Bilder, die zu den Worten paßten.

Ich fing an, Zitate in ein kleines Notizbuch mit festem Einband zu schreiben, das mein Bruder mir gegeben hatte, und ich fügte eigene Fotos hinzu. Mitunter verließ ich das Haus, um das Bild zu fotografieren, das ein Zitat in mir wachrief.

Langsam entstand ein Buch aus Worten und Bildern. Es wurde ein so guter Gefährte, daß ich es mit anderen teilen wollte. Freunde baten mich um eine Abschrift und rieten mir, es zu veröffentlichen..

Und hier ist es. Ich werde *A Course in Miracles* nicht beschreiben, weil ich glaube, daß es für sich selbst spricht. Wenn Sie nach der Lektüre dieses Büchleins Lust bekommen, den Schatz kennenzulernen, dem ich es entnommen habe, haben Sie den zweiten Schritt auf dem Weg in ein wundersameres Leben getan. In diesem Sinne teile ich dieses KLEINE BUCH DER WUNDER freudig mit Ihnen.

In Liebe Hebe

BEREITE

dich

heute

auf

Wunder

vor.

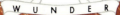

NICHTS kann

dich verletzen,

wenn du

ihm nicht

die Macht

dazu gibst.

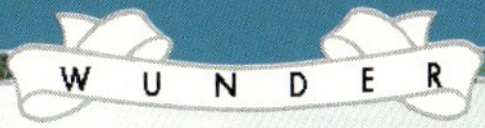

...SUCHE nicht,

die Welt zu

ändern,

sondern

entscheide dich,

dein Denken über

die Welt zu ändern.

EIN WUNDER geht niemals
verloren. Es mag viele
Menschen berühren, denen du
nicht einmal begegnet bist,
und ungeahnte
Veränderungen erzeugen
in Situationen,
deren du nicht
einmal gewahr
bist.

WUNDER entstehen
aus einem
wunderbaren Geisteszustand
oder einem Zustand der Bereitschaft
für Wunder.

✣

IN der Lehr- und
Lernsituation
lernt jeder, daß
Geben und Empfangen
dasselbe sind.

WER würde denn versuchen,
mit den winzigen Flügeln eines
Spatzen zu fliegen, wenn die
große Macht eines Adlers
ihm gegeben ist?

DU bist deinem Bruder
gegeben worden, damit
die Liebe ausgedehnt,
nicht von ihm abgeschnitten
werden möge.

NIEMAND, der mit sich selber
eins ist, kann sich Konflikt
überhaupt vorstellen.

ALLE Probleme einer
einzigen Antwort zu
übergeben heißt,
das Denken der Welt
voll und ganz
umzukehren.

10

NUR die geistig Offenen
können in Frieden sein, denn
sie allein sehen einen guten
Grund dafür.

11

IN meiner
Wehrlosigkeit liegt
meine Stärke.

DENN du wirst das Licht nicht sehen, solange du es nicht allen deinen Brüdern anbietest. Wie sie es aus deinen Händen nehmen, so wirst du es als das deine wiedererkennen.

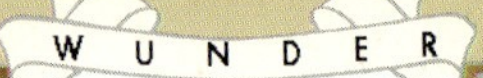

DIE Welt

ist nicht

mehr unser

Feind, denn

wir haben

beschlossen, daß

wir ihr Freund

sind.

TRITT von der

Angst zurück und

schreite fort

zur Liebe.

DIE Illusion

bringt Illusion hervor.

Außer einer.

Vergebung ist

eine Illusion, die eine

Antwort auf die

andern ist.

VERGIB der Vergangenheit
und laß sie los, denn
sie *IST* vergangen.

IN jedem siehst
du nur das
Spiegelbild dessen,
was du beschlossest,
daß er für dich ist.

INWENDIG in dir ist der ganze
Himmel. Jedem Blatt,
das zu Boden fällt, wird in dir
Leben gegeben. Jeder Vogel, der
je gesungen hat, wird
wieder in dir singen.
Und jede Blume,
die jemals blühte,
hat ihren Duft
und ihre Lieblichkeit
für dich bewahrt.

DIE Vergebung ist

die große

Befreiung von der

Zeit. Sie ist der

Schlüssel zum Lernen,

daß die Vergangenheit

vorbei ist.

WEDER Zufall noch
Versehen sind im
Universum möglich, wie
Gott es schuf und außerhalb
von dem nichts ist.

21

DAS Wunder ist
möglich, wenn Ursache
und Folgen zusammengebracht
und nicht getrennt
gehalten werden.

22

DAS einzige, was du zu tun
brauchst, ist nur zu wünschen,
daß dir der Himmel
statt der Hölle
gegeben werde, und jedes
Schloß und jeder Riegel,
der die Türe fest verschlossen
und verriegelt zu halten scheint,
wird einfach wegfallen
und
verschwinden.

GIB dich nicht
mit zukünftigem
Glück zufrieden. Es
hat keine Bedeutung
und ist nicht deine
gerechte Belohnung. Denn
du hast Grund
zur Freiheit
JETZT.

DIE Vergebung entfernt nur das Unwahre, hebt die Schatten von der Welt und trägt sie in ihrer Sanftheit sicher und geborgen zur strahlenden Welt der neuen und reinen Wahrnehmung.

LIEBE wird nicht erlernt, weil es nie eine Zeit gegeben hat, in der du sie nicht kanntest.

...TRENNUNG jedoch ist
nur ein leerer Raum,
der nichts einschließt,
nichts tut und so
substanzlos ist wie der
leere Raum zwischen
den Wellen, die ein
Schiff im Vorüberfahren
schlug.

Fürchte dich nicht.
Laß Wunder deine
Welt erleuchten.

SEI einen Augenblick
gewillt, deine Altäre frei
von dem zu lassen,
was du darauf gelegt hast,
so kannst du nicht umhin zu sehen,
was wirklich dort ist.

DER heilige Augenblick ist nicht
ein Augenblick der Schöpfung,
sondern des Wiedererkennens.
Wiedererkennen nämlich kommt
von der Schau und vom Einstellen
des Urteilens.

VON dir wird
nur verlangt, der
Wahrheit Platz zu
machen.

31

✣

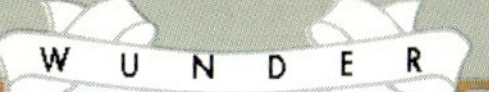

SCHWIERIG erscheinen nur die ersten Schritte auf dem richtigen Weg, denn du hast dich entschieden, wenn du auch vielleicht noch denkst, daß du umkehren und dich anders entscheiden kannst. Dem ist nicht so. Eine getroffene Entscheidung, die von der Macht des Himmels unterstützt wird, ist nicht mehr aufzuheben.

✣

DEIN Weg ist
entschieden. Wenn du
das anerkennst, wird es
nichts geben, was dir
nicht gesagt wird.

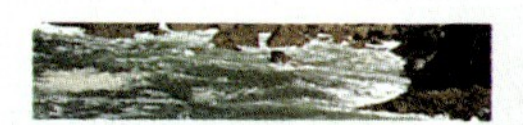

EINE Reise
weg von dir
existiert nicht.

Es gibt keine Zufälle...
Diejenigen, die einander begegnen
sollen, werden einander begegnen...
Sie sind füreinander bereit.

Das Blut des Hasses verblaßt
und läßt das Gras wieder grünen
und die Blumen in der
Sommersonne weiß und
funkelnd sein.

DENN was so aussieht, als wären tausend Jahre dafür nötig, kann durch die Gnade Gottes leicht in einem einzigen Augenblick geschehen.

DEIN Urteil wurde von der Welt genommen, weil du die Entscheidung für einen glücklichen Tag getroffen hast.

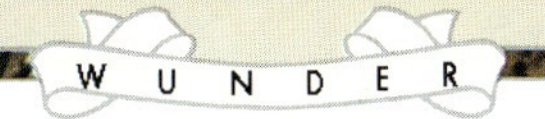

Der Ewigkeit

Posaunen ertönen

durch die Stille,

doch ohne sie zu

stören.

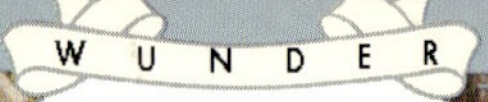

EINE Wolke

löscht die Sonne

nicht.

✣

DIE Erinnerung an

Gott schimmert

am weiten

Horizont unseres

Geistes.

WENN du keine Investition in irgend etwas in der Welt hast, kannst du die Armen lehren, wo ihr Schatz ist.

✣

ERKENNE, WAS NICHT VON BELANG ist, und wenn deine Brüder dich um etwas «Ungeheuerliches» bitten, so tu es, *WEIL* es nicht von Belang ist.

DER Morgenstern
dieses neuen Tages
blickt auf eine
andere Welt.

DIE Stille und der
Frieden des *JETZT* umhüllen
dich in vollkommener
Sanftheit.

SCHAU nicht zu Götzen hin.
Suche nicht außerhalb
von dir.

DIE Reise zu Gott ist
lediglich das Wiedererwachen der
Erkenntnis dessen, wo du
immer und was du
ewig bist. Es ist eine Reise
ohne Entfernung zu einem Ziel,
das sich niemals verändert hat.

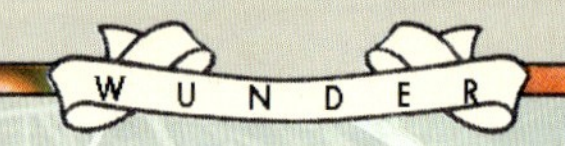

WAS Gott für dich
gewollt hat, das *IST*
dein. Er hat Seinen Willen
Seinem Schatz gegeben,
dessen Schatz er
ist. Dein Herz ist,
wo dein
Schatz ist, ebenso
wie Seines.

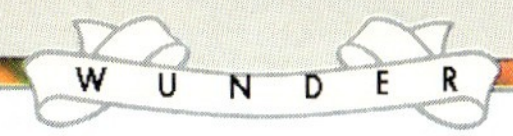

WENN du jemandem begegnest, so erinnere dich daran, daß es eine heilige Begegnung ist. Wie du ihn siehst, wirst du dich selber sehen. Wie du ihn behandelst, wirst du dich selbst behandeln. Wie du über ihn denkst, wirst du über dich selbst denken. Vergiß dies nie, denn in ihm wirst du dich selbst finden oder verlieren.

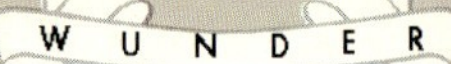

MEINE Gedanken
bedeuten
nichts.

DAS Erfassen heißt,
das Nichts erfassen,
wenn du denkst,
du sähest es.
Als solches ist es
die Voraussetzung
für die Schau.

DER kleine
Funke, der die
großen Strahlen
in sich trägt,
ist ebenfalls sichtbar,
und dieser
Funke läßt sich
nicht lange
auf Kleinheit
begrenzen.

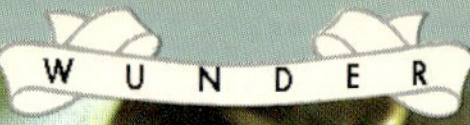

JEDE Lilie der Vergebung
bietet aller Welt stille
Wunder der Liebe an.

DEINE Reise durch
Zeit und Raum ist nicht dem
Zufall überlassen. Du kannst nicht
anders, als zur rechten Zeit am
rechten Ort zu sein. Dargestellt
ist Gottes Stärke.
Dargestellt sind seine Gaben.

TRÄUME sanft von deinem sündenlosen Bruder, der sich in heiliger Unschuld mit dir vereint.

DAS Wunder kehrt leise in den Geist ein, der einen Augenblick lang innehält und still ist.

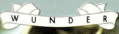

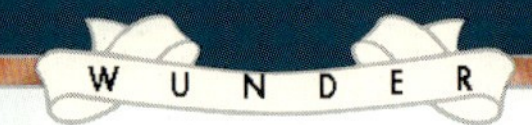

DAS Wunder zeigt nur, daß die Vergangenheit vorüber ist, und was wahrhaft vorüber ist, hat keine Wirkungen.

DIESE Welt ist voller Wunder. Sie stehen in leuchtendem Schweigen neben jedem Traum von Schmerz und Leiden, von Sünde und von Schuld.

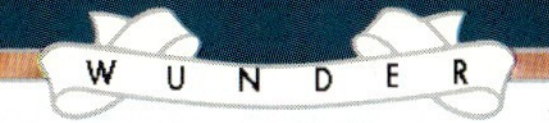

…Du hast kaum begonnen, zu erlauben, daß deine ersten, ungewissen Schritte auf der Leiter aufwärts gelenkt werden, auf der die Trennung dich hinabgeführt hat. Jetzt soll dich nur das Wunder kümmern.

Gott baut die Brücke, aber nur im Raum, der durch das Wunder rein und leer gelassen wird.

HEILUNG ist die Wirkung
von Geistern, die sich verbinden,
wie Krankheit von Geistern,
die sich trennen, kommt.

WAS ist Vergebung?
Die Vergebung nimmt wahr,
daß das, wovon du dachtest,
dein Bruder habe es dir angetan,
nicht geschehen ist.

ICH ruhe in

Gott.

ICH habe

ein Anrecht auf

Wunder.

✣

Danksagungen

Ich danke **Robert Skutch** von der Foundation for Inner Peace, der mir erlaubt hat, aus *A Course in Miracles* ® zu zitieren;
David Wood I., der mein wundervoller Freund und Führer ist und der mich mit vielen herrlichen Gedanken vertraut machte – vor allem mit *A Course in Miracles* – und die Textverarbeitung übernahm;
Ich danke meiner wundervollen Mutter **Ruth**, die im Alter von 95 Jahren immer noch gelegentlich an Treffen der Course-in-Miracles-Gruppe teilnimmt und mein Leben in vieler Hinsicht bereichert hat (sie gab mir auch die Kameras, mit denen ich meine Fotos mache);
meinen Brüdern **David** und **Stanley** und meinem **Vater**.
Allen meinen Freunden und Gefährten danke ich für ihre Liebe und Ermutigung: Jeffrey, Mary Ann, Silvia, Judith M., Judith C., Sam W., Sam K., Simon, Nik, Melanie, James Karen und Joshua, Ron, Zana, Ian, Salvador, J. B., Rebekah, Kate, Mohan, Lynne und Dwight, Lori, Laurie, James M., Sue, David und Clifford, Katrina, Mutter Meera, Dimitri Wood, David Wood II. für sein Vertrauen und seine großzügige Hilfe sowie Ian Patrick, Robert und Miranda Holden und Max Dowling von Radio A. C. I. M.

Quellen der Zitate: Die Verweise auf *Ein Kurs in Wundern* sind mit den folgenden Abkürzungen bezeichnet: T = Textbuch, Ü = Übungsbuch, H = Handbuch für Lehrer, B = Begriffsbestimmung:

1 Ü - I. 106. 4:8
2 T - 20. IV. 1:1
3 T - 21. Einl. 1:7
4 T - 1. I. 45:1-2
5 T - 1. I. 43:1
6 H - 2. 5:5
7 H - 4. I. 2:2
8 T - 24. I. 7:3
9 H - 4. II. 2:3
10 H - 4. IX. 1:6
11 H - 4. X. 1:6
12 Ü - I. 153
13 Ü - I. 153. II. 5-6
14 Ü - I. 194. 9:6
15 Ü - I. 196. 11:6
16 Ü - I. 198. 2:8-10
17 T - 25. V. 4:7
18 T - 26. V. 14:1
19 T - 25. IV. 5:1-4
20 T - 26. V. 6:1-2
21 T - 21. II. 3:4
22 T - 26. VII. 14:1
23 T - 26. II. 8:5
24 T - 26. VIII. 9:1-3
25 T - 18. IX. 14-4
26 T - 18. IX. 12:6
27 T - 28. III. 5:2
28 T - 28. III. 8:1
29 T - 21. II. 8:1
30 T - 21. II. 8:2-3
31 T - 21. II. 7:6
32 T - 22. IV. 2:1-3
33 T - 22. IV. 2:4-5
34 T - 31. IV. 10:5
35 H - 3. 1:6-8
36 T - 26. IX. 3:1
37 Ü - I. 196. 4:5
38 T - 30. I. 17:7
39 T - 28. I. 13:4
40 T - 29. VIII. 3-8
41 Ü - II. Einl. 9-5
42 T - 12. III. 1:3
43 T - 12. III. 4:1
44 B - Ep. 5:4
45 T - 16. VII. 6:5
46 T - 29. VII. 6:5-6
47 T - 8. VI. 9:6-7
48 T - 8. VI. 10:1-3
49 T - 8. III. 4:1-5
50 Ü - I. 10
51 Ü - I. 10. 3:4-5
52 T - 16. VI. 6:3
53 Ü - II. 13. 3:4
54 Ü - I. 42. 2:3-6
55 T - 27. VII. 15:1
56 T - 28. I. 11:1
57 T - 28. I. 1:8
58 T - 28. II. 12:1-2
59 T - 28. III. 1:2-3
60 T - 28. III. 6:1
61 T - 28. III. 2:6
62 Ü - II. 1.+1:1
63 Ü - I. 109
64 Ü - I. 77